BEI GRIN MACHT SICH IHR WISSEN BEZAHLT

- Wir veröffentlichen Ihre Hausarbeit, Bachelor- und Masterarbeit

- Ihr eigenes eBook und Buch - weltweit in allen wichtigen Shops

- Verdienen Sie an jedem Verkauf

Jetzt bei www.GRIN.com hochladen und kostenlos publizieren

Lino Hermes

Der Aufstieg Chinas in der Weltwirtschaft: Ursachen, Dynamik und Folgen

GRIN Verlag

Bibliografische Information der Deutschen Nationalbibliothek:

Die Deutsche Bibliothek verzeichnet diese Publikation in der Deutschen National-
bibliografie; detaillierte bibliografische Daten sind im Internet über http://dnb.d-
nb.de/ abrufbar.

Impressum:

Copyright © 2011 GRIN Verlag GmbH
Druck und Bindung: Books on Demand GmbH, Norderstedt Germany
ISBN: 978-3-656-15160-9

Dieses Buch bei GRIN:

http://www.grin.com/de/e-book/190610/der-aufstieg-chinas-in-der-weltwirtschaft-
ursachen-dynamik-und-folgen

Universität zu Köln

Geographisches Institut

Oberseminar: „Globalisierung und Entwicklungsländer"

Wintersemester 2011/2012

„Der Aufstieg Chinas in der Weltwirtschaft: Ursachen, Dynamik und Folgen"

von Lino Hermes

Abgabe: 18. November 2011

Inhaltsverzeichnis

Einleitung

Mit Einsetzen der Wirtschaftsreformen unter Deng Xiaoping im Jahr 1978 trat die Volksrepublik China in eine Phase zunehmender wirtschaftlicher Liberalisierung, Vermarktlichung und Globalisierung ein, die über die vergangen drei Jahrzehnte an Intensität gewonnen hat und bis heute andauert. Die daraus resultierende wirtschaftliche Wachstumsdynamik hat China innerhalb eines aus historischer Sicht sehr kurzen Zeitraums erneut einen zentralen Platz im Gefüge des weltwirtschaftlichen Systems sowie implizit auch im politischen Kräfteverhältnis der Welt gesichert. So verwundert es auch nicht, dass der chinesische Aufstieg in der öffentlichen Berichterstattung gerne anerkennend mit dem Label „Wirtschaftswunder" versehen wird. Auf der anderen Seite werden aber auch negative Stimmen laut, die vor dem wieder erstarkten asiatischen Giganten warnen und polemisch von der „gelben Gefahr" sprechen. So erwachsen aus der neuen Position Chinas nicht nur neue Probleme für die Weltwirtschaft, sondern es ergeben sich auch deutliche Veränderungen im globalen militärisch-politischen Kräfteverhältnis. Darüber hinaus stehen das Demokratie-Defizit Chinas sowie der Umgang der Regierung mit Menschenrechtsfragen in Zeiten steigender wirtschaftlicher und politischer Bedeutung zunehmend im Fokus der öffentlichen Auseinandersetzung.

Was die Betrachtung Chinas als Teil des weltwirtschaftlichen Systems teilweise verdeckt, ist, dass es durch die Wirtschaftsreformen auch zu bedeutenden Folgen innerhalb Chinas gekommen ist. Insbesondere die wachsenden räumlichen Disparitäten innerhalb der Volksrepublik, geraten dabei zunehmend in den Blickpunkt. Eine ungleiche Partizipation verschiedener Bevölkerungsschichten und Regionen an den positiven Effekten des wirtschaftlichen Aufschwungs und das wachsende Reichtumsgefälle teilen das Land so in zwei Systeme unterschiedlicher Entwicklung und Geschwindigkeit. Die geographischen Ausmaße des Landes, seine Rolle als bevölkerungsreichster Staat der Erde – mit aktuell etwa 1,35 Milliarden Menschen (United Nations 2010) – aber auch die Besonderheiten seines politischen Systems sowie seiner ideologischen Basis unterstreichen die Relevanz dieser Thematik.

In dieser Arbeit sollen Ursachen, Dynamik sowie Folgen der wirtschaftlichen Entwicklung Chinas in den vergangenen drei Jahrzehnten dargestellt und analysiert werden. Hierzu werden unter Punkt 1 zunächst die zentralen Phasen der Wirtschaftsreformen in China seit 1978 dargestellt. Hierbei soll die Frage nach den zentralen wirtschaftspolitischen Weichenstellungen im Zentrum der Betrachtung stehen. Darüber hinaus sollen aber auch die politisch-gesellschaftlichen Implikationen in die Betrachtung einfließen. Anschließend soll unter Punkt 2 anhand verschiedener volkswirtschaftlicher Kennzahlen die aus den Reformen resultierende wirtschaftliche Dynamik dargestellt werden. Punkt 3 beschäftigt sich aufbauend darauf mit den wachsenden räumlichen Disparitäten in China, die aus den Reformen resultieren. Hier soll der Frage nachgegangen werden, welches die zentralen Ursachen der wachsenden Ungleichheit sind und wie diese sich messen lassen. Abschließend soll ein Fazit aus dieser Arbeit gezogen und ein Ausblick auf etwaige zukünftige Entwicklungen gegeben werden.

1. Phasen der Wirtschaftsreformen in China seit 1978

Nach dem Tod Mao Zedongs im Jahr 1976 und dem folgenden Aufstieg Deng Xiaopings in der chinesischen Politik im Jahr 1978 kam es zu einschneidenden Veränderungen in der wirtschaftspolitischen Ausrichtung des Landes. In Abkehr von der stark ideologisch geprägten Wirtschaftspolitik unter Mao setzte sich unter Deng ein neuer Pragmatismus durch. Das marktorientierte Programm Dengs und seiner Unterstützer zeichnete sich insbesondere durch seine neue Offenheit nach außen aus, die in einem deutlichen Kontrast zur Vorstellung einer autarken Entwicklung der chinesischen Wirtschaft stand, wie sie unter Mao vorgeherrscht hatte. So setzte sich in der politischen Führung die Einsicht durch, dass eine Planwirtschaft nicht weiter als Perspektive für die Zukunft Chinas gelten konnte. Die daraus folgenden Wirtschaftsreformen lassen sich in drei Phasen einteilen, die im folgenden detaillierter betrachtet werden sollen (vgl. TAUBMANN 2001: 14ff.).

1.1 Phase 1: 1978 – 1991

Der Aufstieg Deng Xiaopings 1978 markiert grob den Beginn der ersten Phase der Wirtschaftsreformen in China. Zwei Jahre nach dem Tod Maos wurde durch das „dritte Plenum des 11. Kongresses" der Kommunistischen Partei Chinas (KPC) die Reformpolitik beschlossen (vgl. TAUBMANN 2001: 14). Bis 1991 wurden vorsichtige Liberalisierungen eingeleitet und erste Schritte in Richtung einer wirtschaftlichen aber auch politischen Außenöffnung des Landes getan.

Die alten, strikten Planvorgaben für Im- und Exportprodukte wurden drastisch reduziert. Um eine Importsubstitution anzustoßen, wurden zudem die Importzölle angehoben und die Produktion von bisher aus dem Ausland importierten Waren gefördert. Darüber hinaus wurde die Zahl der für den Export zugelassenen Produkte deutlich erhöht. Besondere Beachtung sollte in diesem Zusammenhang der Errichtung der so genannten Sonderwirtschaftszonen (SWZ) seit 1980 geschenkt werden. Unter Beteiligung von ausländischen Unternehmen und Investoren sowie unter wirtschaftlichen und gesetzgeberischen Sonderkonditionen sollten dort – mit dem Ziel ausländisches Kapital ins Land zu holen – in erster Linie für den Export bestimmte Waren produziert werden. Ab 1984 folgten weitere SWZ sowie andere Formen wirtschaftlicher Sonderzonen (TAUBMANN 2001: 15, Tab. 4). Zwar änderte sich an den staatlichen Monopolindustrien sowie an den traditionellen Produktionsmethoden und Verwaltungsstrukturen in großen Teilen des Landes vorerst nichts, die Förderung der Exportwirtschaft in den SWZ zog allerdings zunehmend Investoren an, die nun China als vorteilhaften Produktionsstandort zu erkennen begannen (SCHÖTTLI 2008: 9f.).

Neben der durch die chinesische Führung forcierten Ausrichtung auf eine stärkere Exportorientierung der Wirtschaft kam es in der ersten Phase zu weiteren wichtigen wirtschaftspolitischen Änderungen. Bis Ende der 1970er Jahre lassen sich deutliche Tendenzen einer zunehmenden Vermarktlichung erkennen. Kleinunternehmen in Industrie und Handwerk wurden zugelassen und die Entkollektivierung des Agrarsektors vorangetrieben. Auch kam es zu einer ersten schrittweisen Deregulierung des Arbeitsmarktes, insbesondere in Bezug auf das Kündigungsrecht. 1980 trat China darüber hinaus der Weltbank und dem Internationalen Währungsfonds (IWF) bei und wurde in den darauf folgenden Jahren zu einem der weltweit wichtigsten Empfänger von Entwicklungskrediten (SCHMALZ 2010: 487).

Auf politischer Ebene ließen sich ebenso vorsichtige Öffnungstendenzen erkennen. Das unter Mao vorherrschende Bild Chinas als „Speerspitze der Weltrevolution" wurde durch eine schrittweise Annäherung an den „kapitalistischen Westen" und insbesondere die Vereinigten Staaten von Amerika entschärft. Die Wiederaufnahme der diplomatischen Beziehungen zwischen Washington und Peking 1979 kann als wichtiger Schritt in dieser Entwicklung angesehen werden.

Zwar wird die gewaltsame Niederschlagung der Proteste auf dem „Platz des himmlischen Friedens" im Jahr 1989 beispielsweise von SCHÖTTLI (2008: 11) als Zäsur und Endpunkt der ersten Phase angesehen. Aus einer wirtschaftspolitischen Blickrichtung bietet es sich jedoch an, den Endpunkt der Phase nach diesem Ereignis globaler Bedeutung sowie seinen Nachwirkungen zu setzten. In diesem Zusammenhang erscheint es wichtig, die Auseinandersetzung mit den Vorkommnissen aus einer westlichen Perspektive kritisch zu hinterfragen.

SCHMALZ (2010: 487) etwa weist darauf hin, dass die von der Studentenbewegung geforderten Veränderungen hin zu mehr demokratischen Rechten nur einen Teilaspekt der Proteste darstellten. Die sehr heterogene Gruppe der Protestierenden umfasste auch eine große Zahl einfacher Arbeiter, deren Anliegen weniger auf die Schaffung demokratischer Verhältnisse als auf eine Kritik der laufenden Marktreformen zielte. So forderten sie eine bessere soziale Absicherung, Preisstabilität und ein entschiedeneres Vorgehen gegen die wachsende Korruption. Nach der erfolgreichen Niederschlagung der Proteste und dem Ersticken kritischer Stimmen kam es so auch nicht etwa zu einschneidenden Veränderungen, sondern vielmehr zu einer Festigung der politischen Verhältnisse und einer Beschleunigung und stärkeren Implementierung der Marktreformen.

1.2 Phase 2: 1992 – 2001

Das Jahr 1992 markiert den Beginn einer zweiten Phase. Das vom neuen Parteivorsitzenden der KPC, Jiang Zemin, propagierte Modell der „sozialistischen Marktwirtschaft" sollte zu einer deutlichen Verstärkung der Öffnungs- und Liberalisierungstendenzen in China führen.

Die Privatisierungen, die in der vorhergegangenen Phase zunächst langsam voran getrieben worden waren, wurden fortgesetzt und beschleunigt. Zwar blieben die größten und wichtigsten Staatsunternehmen weiterhin unter staatlicher Kontrolle, jedoch wurden kleine und mittlere Unternehmen mit geringer Effizienz zunehmend privatisiert. So reduzierte sich die Zahl der Staatsunternehmen im Zeitraum von 1996 bis 1999 deutlich um mehr als 50 Prozent von 127.600 auf 61.300. Jedoch sollten, wie SCHMALZ (2010: 487f.) feststellt, diese Entwicklungen nicht darüber hinweg täuschen, dass noch 2002 rund 70 Prozent des Investitionsvolumens von staatlichen Unternehmen getätigt wurden.

Darüber hinaus bemühte sich die Regierung auch verstärkt die Außenöffnung des Landes voranzutreiben. Das Lizenz- und Quotensystem für den Außenhandel wurde tiefgreifend reformiert und die gemittelten Zölle auf Importe bis zum Jahr 1996 auf 23 Prozent fast halbiert (SCHMALZ 2010: 488). Auch wurden die planwirtschaftlichen Import- und Exportplanungen fast gänzlich abgeschafft. Es kam zu einem massiven Zufluss von ausländischen Direktinvestitionen (ADI) nach China. Diese richteten sich größtenteils auf die Küstenregion beziehungsweise die SWZ mit ihren günstigen wirtschaftlichen Rahmenbedingungen (vgl. SCHMALZ 2010: 488). Der Beitritt zur Welthandelsorganisation (WHO) im Jahr 2001, der weitere Zollsenkungen und Liberalisierungen im Dienstleistungs- und Agrarsektor nach sich zog, stellt einen weiteren wichtigen Aspekt dieser Entwicklung dar.

Auch auf politischer Ebene waren einschneidende Veränderungen zu erkennen. Die durch die neuen wirtschaftlichen Möglichkeiten rasant wachsende urbane Mittelschicht entpolitisierte sich zunehmend und drängte ideologische Fragestellungen immer weiter in den Hintergrund. Gleichzeitig wurde die ungleiche Verteilung des wirtschaftlichen Wachstums und damit die wachsenden räumlichen Disparitäten immer deutlicher. Die Küste beziehungsweise der urbanisierte Ostteil Chinas profitierte deutlich stärker vom wirtschaftlichen Aufschwung als das Inland beziehungsweise das rural geprägte Zentral- und Westchina (SCHÖTTLI 2008: 14 und SCHMALZ 2010: 487f.).

2.3 Phase 3 – ab 2002

Der Beginn der dritten Phase kann auf das Jahr 2002 datiert werden. So kam es unter der Regierung Hu Jintao zu einer Fortsetzung der Außenöffnung, Privatisierung und Vermarktlichung. Dies ist in dieser Phase insbesondere auf die Umsetzung der Regeln der WTO zurückzuführen.

Die liberalere Wirtschaftspolitik führte zu einem Investitionsboom und in der Folge zu einer weiter wachsenden Exportausrichtung des Landes. Durch diese wirtschaftliche Konstellation ist zudem die bis heute andauernde Anhäufung ausländischer Devisen, insbesondere in US-Dollar, zu erklären.

Auch, und das erscheint für diese Phase als nicht minder relevant, kam es zu einer Reihe institutioneller Reformen. Seitens er KPC kam es zu bedeutenden Zugeständnissen gegenüber dem Unternehmertum. Die gesetzliche Garantie von Privatbesitz im Jahr 2007 kann als deutliches Beispiel dieser Tendenz gewertet werden (vgl. SCHMALZ 2010: 487f.).

Darüber hinaus konnten seit 2003 aber vermehrt auch Ansätze seitens der Politik identifiziert werden, die eine sozialere Ausrichtung in der Wirtschaftspolitik forcierten. Die „Politik des Wachstums um jeden Preis", die mit ersten Blasenbildungen insbesondere im Immobiliensektor ihre Schwachstellen zeigte, sollte auf lange Sicht durch eine „Politik des nachhaltigen Wachstums" abgelöst werden (SCHÖTTLI 2008: 20). So wurden die Bemühungen verstärkt, funktionierende Sozialsysteme aufzubauen und erste gewerkschaftliche Organisationen – wenn auch nicht wie in Europa aus einer Bewegung der Arbeiter entstanden, sondern von oben installiert – zugelassen. Auch der Versuch die Reichtumsgefälle zu verringern, die sich in den vorhergegangenen Phasen entwickelt hatten, sollte ein zentraler Bestandteil dieses Vorgehens sein. Insbesondere der Erschließung des rückständigen Westteils Chinas durch Infrastrukturausbau, Urbanisierung und Industrialisierung wurde bei diesem Anliegen viel Aufmerksamkeit geschenkt (vgl. KANBUR et al. 2009: 2, SCHMALZ 2010: 487ff. und SCHÖTTLI 2008: 20). Auch rückte die Diskussion über die ökologischen Folgen der chinesischen Wirtschaftsentwicklung verstärkt in den Mittelpunkt. Welche Resultate diese Bemühungen erbracht haben muss jedoch aus einer kritischen Perspektive hinterfragt werden.

2. Dynamik der chinesischen Volkswirtschaft seit 1978

Wie dargestellt wurde, kam es ab 1978 zu einschneidenden Veränderungen in der Ausrichtung der chinesischen Volkswirtschaft und ihrer Einbindung in die Weltwirtschaft. Im Jahr 2009 löste China die Bundesrepublik Deutschland als „Exportweltmeister" ab. Nur ein Jahr später, 2010, rückte die Volksrepublik zur zweitgrößten Volkswirtschaft der Welt hinter den Vereinigten Staaten auf und verwies Japan damit auf den dritten Platz. Bedenkt man, dass das Land sich nur drei Jahrzehnte zuvor nahezu isoliert von der Weltwirtschaft in einer Phase der wirtschaftlichen Stagnation befand, wird deutlich, dass sich seither ein starker wirtschaftlicher Aufschwung vollzogen hat. Um die Auswirkungen der Reformen auf die wirtschaftliche Entwicklung Chinas zu bewerten soll deshalb ein Blick auf die tatsächliche Dynamik der chinesischen Wirtschaft in dieser Zeit geworfen werden. Hierzu sollen einige ausgewählte volkswirtschaftliche Kennzahlen betrachtet werden.

2.1 Bruttoinlandsprodukt

Um die Dynamik einer Volkswirtschaft zu beschreiben bietet es sich an, zunächst das Bruttoinlandsprodukt (BIP) zu betrachten. Dieses gibt den Gesamtwert aller Güter an, die innerhalb eines Jahres innerhalb der Landesgrenzen einer Volkswirtschaft hergestellt werden und dem Endverbrauch dienen. Die Veränderungsrate des realen BIP dient somit als wichtige Messgröße für das Wirtschaftswachstum einer Volkswirtschaft.

Betrachtet man das prozentuale jährliche Wachstum des BIP in China über die vergangenen

40 Jahre wird deutlich, dass die Volksrepublik nach einer Phase der wirtschaftlichen Unsicherheit und Volatilität unter Mao Zedong seit 1978 nahezu konstant – mit Ausnahme der Jahre 1989 und 1990 – Wachstumsraten zwischen fünf und 15 Prozent aufwies. Im Schnitt wies das Land von 1978 bis 2010 eine jährliche Wachstumsrate des BIP von zehn Prozent auf (World Bank 2011, Abb. 1). Damit nahm China in diesem Zeitraum die Rolle der am schnellsten wachsenden Volkswirtschaft der Welt ein (vgl. SHARMA 2009: 91).

Betrachtet man ergänzend die Entwicklung des globalen BIP, wird die besondere Dynamik der chinesischen Entwicklung noch deutlicher. Im selben Zeitraum wurden beim globalen BIP nur Wachstumsraten zwischen minus zwei und plus fünf Prozent erreicht. Im Schnitt wuchs das weltweite BIP so jährlich um nur knapp drei Prozent (World Bank 2011, Abb. 1).

Um ein besseres Bild der Situation in China zu erhalten, sollte neben dem Wachstum des BIP auch die Entwicklung des BIP pro Kopf betrachtet werden. Gerade mit Blick auf die Größe der chinesischen Bevölkerung scheint dies von Bedeutung zu sein.

China wies zu Beginn der Reformen im Jahr 1978 ein BIP von lediglich 155 US-Dollar pro Kopf auf, während das weltweite BIP bei 1.966 US-Dollar, das der EU bei 6.000 US-Dollar und das der Vereinigten Staaten gar bei 10.225 US-Dollar pro Kopf lag. Und auch 2010 lag China mit einem Wert von 4.393 US-Dollar pro Kopf noch deutlich unter dem weltweiten Schnitt von 9.216 US-Dollar, dem der EU von 32.366 US-Dollar sowie dem der Vereinigten Staaten von 47.184 US-Dollar pro Kopf (World Bank 2011, Abb. 2). So zeigen die Zahlen zwar, dass China auch nach drei Jahrzehnten wirtschaftlicher Reformen in Bezug auf das BIP pro Kopf unter dem weltweiten Schnitt liegt und in Bezug auf die Europäische Union sowie die Vereinigten Staaten weit abgeschlagen ist. Betrachtet man jedoch das Verhältnis der Werte Chinas beispielsweise zu denen der Vereinigten Staaten – als der nach wie vor weltweit führenden Industrienation – wird die besondere Dynamik der chinesischen Entwicklung deutlicher: Während China im Jahr 1978 lediglich auf 1,52 Prozent des BIP pro Kopf der Vereinigten Staaten kam, stieg dieser Wert bis 2010 auf 9,31 Prozent an (World Bank 2011, Abb. 2). Obwohl mit diesen Werten noch keine Aussage über die tatsächliche Verteilung des BIP im Land gesagt ist, deuten die Werte eine deutliche Verbesserung der Lebensumstände für große Teile der Bevölkerung in China an.

2.2 Industrieproduktion

Eine weitere Kennzahl zur Bewertung einer Volkswirtschaft ist die Entwicklung der Industrieproduktion. Aus diesem volkswirtschaftlichen Indikator, der alle im sekundären Sektor erwirtschafteten Güter umfasst, lassen sich wichtige Rückschlüsse über die Verfasstheit einer Volkswirtschaft ziehen. Negatives Wachstum der Industrieproduktion deutet auf eine konjunkturelle Krise hin, während positive Werte auf einen wirtschaftlichen Aufschwung hindeuten. Gerade in Bezug auf noch nicht oder nur geringfügig industrialisierte Staaten lassen sich hieraus Rückschlüsse auf die wirtschaftliche Dynamik ziehen.

Betrachtet man das prozentuale Wachstum der industriellen Wertschöpfung in China seit 1978 wird deutlich, dass – ähnlich wie beim Wachstum des BIP – konstant deutlich höhere Werte als im globalen Schnitt erreicht wurden. Lediglich das Jahr 1990 bildet hier eine Ausnahme. China wies von 1978 bis 2009 ein jährliches industrielles Wachstum zwischen 2 und 21 Prozent auf, wobei das durchschnittliche Wachstum bei 11,66 Prozent lag. Zum Vergleich: Das globale industrielle Wachstum bewegte sich im gleichen Zeitraum im Schnitt bei lediglich 2,22 Prozent, das der Vereinigten Staaten bei 1,62 Prozent und das der EU nur bei 1,06 Prozent (World Bank 2011, Abb. 3). Was aber sagen die hohen Wachstumsraten über die tatsächliche Bedeutung des sekundären Sektors für die Volkswirtschaft Chinas aus?

Betrachtet man ergänzend den prozentualen Anteil der industriellen Wertschöpfung am BIP wird die Relevanz der industriellen Entwicklung für die chinesische Volkswirtschaft noch deutlicher. Während sich bei den globalen Werten sowie denen der EU und der U.S.A. nahezu einheitlich ein deutlich negativ gerichteter Trend erkennen lässt, bewegen sich die Werte Chinas nahezu konstant auf einem relativ hohen Level. So weist China beim Anteil der industriellen Wertschöpfung am BIP für den betrachteten Zeitraum konstant Werte zwischen 41 und 48 Prozent auf. Zum Vergleich: Die globalen Werte sanken von 37 Prozent im Jahr 1978 deutlich auf nur noch 27 Prozent im Jahr 2008. Die Werte der EU und der Vereinigten Staaten fielen, auch aufgrund eines Bedeutungsgewinns des Dienstleistungssektors, von 37 und 34 Prozent auf nur noch 26 und 21 Prozent (World Bank 2011, Abb. 4).

2.3 Ausländische Direktinvestitionen

Ein weiterer wichtiger Indikator für die Bewertung der Dynamik einer Volkswirtschaft ist die Entwicklung des Zuflusses ausländischer Direktinvestitionen. Aus diesen Daten lassen sich insbesondere Rückschlüsse über die Globalisierung einer Volkswirtschaft und ihre Einbindung in die Weltwirtschaft ziehen. Da die ADI neben Kapitalflüssen auch den Fluss von Wissen und Technologie umfassen, können aus ihrer Entwicklung darüber hinaus implizit auch Rückschlüsse auf die qualitative Verbesserung einer Volkswirtschaft geschlossen werden.

Betrachtet man die Entwicklung des prozentualen Anteils der ausländischen Direktinvestitionen am BIP der Volksrepublik China, zeigt sich Folgendes: Für die Jahre 1978 bis 1981 sind keine Daten vorhanden, wobei aber davon ausgegangen werden kann, dass sich die Zuflüsse im marginalen Bereich bewegten. Und auch im Zeitraum von 1982 bis 1984 weisen die Statistiken der Weltbank Werte von weniger als einem Prozent für den Anteil der ADI am chinesischen BIP aus. Erst ab 1985 lässt sich ein Bedeutungsgewinn der ADI für das BIP Chinas erkennen (World Bank 2011, Abb. 5). Dieser korreliert wohl mit den ersten Auswirkungen der 1978 in Gang gesetzten Reformen und insbesondere mit der Gründung vieler weiterer Sonderwirtschaftszonen in diesem Zeitraum. Ab 1992 – zu Beginn der zweiten Phase der Reformen und einer impliziten weiteren Liberalisierung und Vermarktlichung – wird dann ein erneuter starker Anstieg deutlich. So steigt der Wert von nur einem Prozent im Jahr 1991 bis auf sechs Prozent im Jahr 1993. In der Folge bleiben die Werte auf einem hohen Level und machen bis 2010 jährlich zwischen zwei und sechs Prozent des chinesischen BIP aus (World Bank 2011, Abb. 5).

Betrachtet man ergänzend die Entwicklung der ADI in China in absoluten Zahlen zeigt sich: Empfing China noch im Jahr 1982 nur geringfügige ausländische Direktinvestitionen von 430 Millionen US-Dollar, stieg dieser Wert im Folgenden langsam und ab 1992 deutlich an. Dies korreliert mit der Verstärkung der Außenöffnung und Liberalisierung des Landes. Im Jahr 1997 erreichten die ADI schon ein Volumen von 44.237.000.000 US-Dollar. Ab 2004 lässt sich dann ein erneuter, deutlicher Anstieg erkennen. Bis 2010 stieg der Wert auf 185.080.744.436 US-Dollar (World Bank 2011, Abb. 6). Damit gehört China zu den wichtigsten Empfängern von ADI weltweit. Insbesondere die Rolle von Joint-Venures scheint in diesem Zusammenhang von zentraler Bedeutung zu sein.

3. Wachsende räumliche Disparitäten als Folge der Wirtschaftsreformen in China seit 1978

Das chinesische Wirtschaftswachstum seit 1978 hat – wie die Entwicklung der zuvor dargestellten volkswirtschaftlichen Kennzahlen vermuten lässt – mit Blick auf Gesamt-China zu enormen Verbesserungen des Lebensstandards großer Teile der Bevölkerung geführt. So können bei einer ersten Bewertung auch durchaus positive Effekte der von Deng Xiaoping initiierten Reformen konstatiert werden. Schätzungen der Weltbank etwa gehen davon aus, dass mehr als 60 Prozent der chinesischen Bevölkerung zu Beginn der Reformen im Jahr 1978 unter der Armutsgrenze von einem US-Dollar pro Tag lebten. Bis 2004 verringerte sich dieser Wert auf nur noch etwa zehn Prozent (WORLD BANK 2011). In absoluten Bevölkerungszahlen impliziert dies, dass etwa 500 Millionen Menschen innerhalb nur einer Generation aus der Armut befreit wurden (vgl. DOLLAR 2007: 2).

Was diese Darstellung jedoch verdeckt ist, dass die wirtschaftlichen Entwicklungen sich im Land keinesfalls gleichmäßig vollziehen. Betrachtet man die eindrücklichen Wachstumszahlen der vergangenen 30 Jahre genauer wird deutlich, dass bestimmte Bevölkerungsschichten aber auch Regionen überdurchschnittlich von dem beobachteten wirtschaftlichen Aufschwung profitieren, während andere scheinbar von den Entwicklungen abgeschnitten sind.

Zwar gab es, wie etwa GEBHARDT (n.b.: 3) treffend feststellt, auch schon vor 1978 deutliche räumliche Disparitäten in China. Diese waren aber weniger durch wirtschaftspolitische Rahmenbedingungen und deren Folgen verursacht als vielmehr durch die gegebenen naturräumlichen Voraussetzungen der einzelnen chinesischen Teilräume bedingt. So verstärkten sich im Zuge der Reformen insbesondere die räumlichen Disparitäten zwischen den urbanisierten Teilen des Landes und den nach wie vor rural geprägten Gebieten deutlich. Dabei überschneidet sich der Gegensatz von Stadt und Land oftmals auch mit der Trennung zwischen Küsten- und Inlandsprovinzen oder der Einteilung Chinas in die drei Großregionen: Ostchina mit den Provinzen Beijing, Tianjin, Hebei, Liaoning, Shandong, Jiangsu, Shanghai, Zhejiang, Fujian, Guangdong, Guangxi und Hainan. Zentralchina mit den Provinzen Shanxi, Inner Mongolia, Jilin, Heilongjiang, Anhui, Jiangxi, Henan, Hubei und Hunan sowie Westchina mit den Provinzen Sichuan, Guizhou, Yunnan, Tibet, Shaanxi, Gansu, Qinghai, Ningxia, Xinjiang. Diese Überschneidung ist der Tatsache geschuldet, dass die westlichen und zentralen Regionen des Landes durch ihre geografische Lage und ihre Geschichte größtenteils rural geprägt sind und nicht in dem Maße von den Urbanisierungs- und Industrialisierungsschüben der Reformen seit 1978 profitiert haben wie es die östlichen Küstenregionen getan haben (OECD 2002: 682).

3.1 Zentrale Ursachen der räumlichen Disparitäten

Natürlich gibt es eine Vielzahl von Faktoren, die eine ungleiche wirtschaftliche Entwicklung der drei Großregionen Chinas und eine ökonomische Dominanz der Ostregion gefördert haben. Mit Blick auf die Auswirkungen der Wirtschaftsreformen auf die dargestellten volkswirtschaftlichen Kennzahlen scheint es jedoch, dass das quantitativen Verhältnis zwischen den drei Wirtschaftssektoren sowie der Zufluss von ADI in diesem Zusammenhang eine zentrale Rolle einnehmen.

Zum einen kam es zu einem starken Bedeutungsverlust des primären Sektors und dem gleichzeitigen Aufbau des tertiären Sektors, der in der Folge eine hohe Wachstumsdynamik aufweisen sollte. Machte der Agrarsektor 1978 noch 28 Prozent des Bruttonationalprodukts aus – während die Industrie für 48 Prozent sowie die Dienstleistungen für 24 Prozent verantwortlich waren – fiel dieser Wert bis 2002 auf nur noch 14 Prozent. Im selben Zeitraum blieb der Anteil der Industrie mit 45 Prozent nahezu konstant. Der Anteil der Dienstleistungen konnte sich bis auf 41 Prozent steigern. Bis 2010 fiel der Wert für den primären Sektor auf nur noch zehn Prozent während der sekundäre Sektor 45 Prozent und der tertiäre Sektor 46 Prozent ausmachten (WORLD BANK 2011). Bedenkt man, dass die rurale Bevölkerung, die im Jahr 2010 noch immer 55 Prozent der chinesischen Gesamtbevölkerung ausmachte (WORLD BANK 2011), größtenteils von den Einkommen, die im Agrarsektor erwirtschaftet werden, abhängig ist, während sich die Betriebe des sekundären- und tertiären Sektors vorrangig in urbanen Regionen befinden, implizieren schon diese Zahlen eine deutliche Zunahme in den Einkommensunterschieden zwischen dem stark urbanisierten östlichen Teil Chinas sowie den inländischen Provinzen.

Ein weiterer zentraler Aspekt, der zur Ausbildung der räumlichen Disparitäten in China beigetragen hat, ist die Verteilung der ausländischen Direktinvestitionen. So ist, was die Zuflüsse der ADI betrifft, ein mehr als deutliches quantitatives Übergewicht der chinesischen Ostregion gegenüber der Zentral- und Westregion zu erkennen. Die ADI flossen im Jahr 1984 mit 99,3 Prozent fast gänzlich in den Ostteil des Landes, während die Zentralregion mit 0,7 Prozent sowie die Westregion mit keinen Zuflüssen nicht im selben Maße von diesem Kapitalfluss profitierten. Zwar lässt sich über die Zeit eine leichte Veränderung zu Gunsten der marginalisierten Regionen erkennen, so stieg der Anteil der Zentralregion bis 1992 auf 6,8 Prozent sowie der Westregion auf 2,8 Prozent. Mit einem Wert von 88,3 Prozent im Jahr 2001 ist die bevorzugte Stellung der Ostregion aber nach wie vor zu erkennen (ZHANG 2004: 19).

3. 2 Einkommensunterschiede als Maß der räumlichen Disparitäten

Wie aber lassen sich die räumlichen Disparitäten messen? Zwar scheint es, dass in der wissenschaftlichen Literatur einheitlich eine Zunahme der Disparitäten in China konstatiert wird, verschiedene Ansätze zur Quantifizierung der Unterschiede scheinen aber zu sehr unterschiedlichen Ergebnissen zu kommen (vgl. TAUBMANN 2001: 10). Jedoch so halten SICULAR et al. (2010: 85) fest, kommen fast alle Studien zu der Thematik zu der gemeinsamen Einschätzung, dass die Differenz zwischen den ruralen und urbanen Einkommen groß ist, im Verlauf der Zeit zunimmt und einer der zentralen Faktoren der allgemeinen Ungleichheit im Land ist.

Um ein Bild der Situation zu erhalten, bietet es sich zunächst an mit Hilfe des GINI-Index die generelle Ungleichverteilung von Einkommen in China zu betrachten. Je höher der GINI-Wert für ein Land ist, desto stärker sind auch die generellen Einkommensunterschiede ausgeprägt. Die Skala reicht dabei von 0 bis 100 wobei der Wert 0 für eine absolute Gleichverteilung und der Wert 100 für die größte anzunehmende Ungleichverteilung des Einkommens steht.

Im Falle Chinas zeigt sich, dass der GINI-Index nach Schätzungen von KANBUR et al. (2005: 93, Tab. 2) von 29,3 Prozent im Jahr 1978 auf 31,4 Prozent im Jahr 1992 und 37,2 Prozent im Jahr 2000 gestiegen ist, es also mit Blick auf Gesamt-China zu einer Zunahme der Ungleichverteilung des Einkommens gekommen ist. Bis 2006, so Schätzungen der Weltbank, stieg der Wert noch weiter bis auf 42 Prozent, womit China zu den weltweiten Spitzenreitern in der Ungleichverteilung von Einkommen gehört (WORLD BANK 2011). So verweist auch SCHÖTTLI (2007: 92) darauf, dass China, ungeachtet seiner nach wie vor auf der Ideologie des Marxismus beruhenden Verfassung, bezüglich des Reichtumsgefälles zur weltweiten Spitze zählt. Macht die Betrachtung des GINI-Index deutlich, dass sich in China im Zuge der Wirtschaftsreformen ein starkes Ungleichgewicht herausgebildet hat, vermag er jedoch nicht die räumliche beziehungsweise sektorale Verteilung dieser Disparitäten darzustellen.

Um ein besseres Bild der Situation zu erhalten bietet es sich an das Bruttoinlandsprodukt (BIP) pro Kopf auf die einzelnen Großregionen zu beziehen. Betrachtet man also das Verhältnis des BIP pro Kopf in Ost-, Zentral- und Westchina zum nationalen Mittel, werden die räumlichen Disparitäten deutlicher. Es zeigt sich, dass die Unterschiede zwischen der zusammengefassten östlichen Küstenregion sowie dem Zentrum und Westen Chinas seit 1978 zugenommen haben. Wies die Zentralregion im Jahr 1978 noch ein Verhältnis von 0,86 zum nationalen Schnitt des BIP pro Kopf auf, fiel dieser Wert bis zum Jahr 2001 auf 0,75. Noch deutlicher lässt sich diese negative Entwicklung in der Westregion beobachten. So fielen die Werte dort von 0,72 im Jahr 1978 auf nur noch 0,57 im Jahr 2001. Betrachtet man ergänzend die Werte der Ostregion zeigt sich, dass diese von 1,28 im Jahr 1978 auf 1,42 im Jahr 2001 gestiegen sind (ZHANG 2004: 1ff.).

Darüber hinaus verdeutlichen die absoluten Zahlen des BIP pro Kopf in den Großregionen diese Entwicklung noch zusätzlich. Wies der Ostteil des Landes im Jahr 1978 ein BIP pro Kopf von 462,2 Renminbi (RMB) auf, während Zentralchina 311 RMB und Westchina 260,7 RMB aufwiesen, verstärkte sich dieser Unterschied bis im Jahr 1999 auf 10.089,5 RMB im Osten, 5.406,8 RMB im Zentrum und 4.216,9 RMB im Westen (TAUBMANN 2001: 14, Abb. 7).

Die deutlichen Unterschiede der ökonomischen Ausstattung zwischen den drei Großregionen Chinas führen auch zu Problemen auf sozialer und politischer Ebene. So scheint es, dass China sich nur teilweise globalisiert. Während die aufstrebenden Mittelschichten in den östlichen Küstenregionen deutlich von der neuen Stellung Chinas in der Weltwirtschaft profitieren, sind weite Teile der ländlichen Bevölkerung von diesen Entwicklungen abgegrenzt.

Fazit/Ausblick

Wie in dieser Arbeit gezeigt wurde ist es seit 1978 in der VR China zu einschneidenden Wirtschaftsreformen gekommen, die in ihrem bis heute andauernden Verlauf zu bedeutenden Veränderungen der chinesischen Volkswirtschaft geführt haben. Es kam es zu einer deutlichen Liberalisierung und Vermarktlichung der chinesischen Wirtschaft. Darüber hinaus bedingten die Reformen eine politische und wirtschaftliche Außenöffnung des Landes die sich in der Einbindung Chinas in das Weltwirtschaftssystem manifestierte.

Anhand der betrachteten volkswirtschaftlichen Kennzahlen lassen sich diese Prozesse deutlich erkennen. So kam es zu einem starken Wachstum des BIP, einer deutlichen Steigerung der Industrieproduktion sowie einer massiven Steigerung der Industrieexporte und des Zuflusses von ADI nach China.

Bei genauerer Betrachtung der chinesischen Wirtschaftsdynamik zeigt sich jedoch, dass die Reformen auch zu wachsenden Ungleichheiten in dem asiatischen Land geführt haben. Bedingt durch die ungleiche Verteilung des wirtschaftlichen Aufschwungs zwischen den chinesischen Großregionen kam es zu einer Zweiteilung des Landes. Während die urbanisierte Ostregion Chinas, durch den Bedeutungsgewinn des sekundären und tertiären Sektors sowie den Zufluss des Großteils der ausländischen Direktinvestitionen stark profitierte, konnten der Zentral- und Westteil des Landes nicht in diesem Maße von den wirtschaftlichen Prozessen profitieren. Die ungleiche Einkommensverteilung im Land, die ein deutliches Übergewicht des Ostens erkennen lässt, verdeutlicht diese Entwicklung eindrücklich.

Es scheint, dass die starken räumlichen Disparitäten eines der zentralen Probleme für die zukünftige Entwicklung des Landes darstellen. So dürften bei einer Verschärfung des Problems, neben den rein ökonomischen Auswirkungen, wohl auch Gefahren für die gesellschaftlich-politische Stabilität des Landes erwachsen. In Anbetracht einer quantitativ sehr großen marginalisierten Bevölkerungsgruppe scheint dieser Punkt von bedeutender Sprengkraft zu sein. Zwar lassen sich seitens der Politik erste Maßnahmen erkennen, der ungleichen Entwicklung entgegen zu wirken – so zielte etwa der „10. Fünfjahresplan (2001–2005)" der chinesischen Regierung nicht nur darauf ab weiterhin ein hohes Wirtschaftswachstum zu erzielen, sondern auch die starken Entwicklungsunterschiede zwischen der wohlhabenden Küste und dem armen Hinterland zu reduzieren. Mit der Kampagne „Great Western Development", die im Januar 2000 verabschiedet wurde, beschränkte sich die Regierung jedoch auf wenige große Infrastrukturprojekte, die die tatsächlichen Ursachen der Ungleichheiten vielleicht kurzfristig, aber auf lange Sicht nicht zu lösen vermögen (vgl. TAUBMANN 2001: 10). Es scheint, dass die chinesische Führung zwar ein Interesse an einer gleichmäßigeren Entwicklung aller Landesteile hat, aber nicht Willens ist, diese auf Kosten des überdurchschnittlichen Wachstums der Ostregion zu realisieren. So wird der Umgang mit den räumlichen Disparitäten im Land wohl auch eine der zentralen Aspekte der zukünfigen Entwicklung Chinas in wirtschaftlicher aber auch politisch-gesellschaftlicher Hinsicht darstellen.

Literaturverzeichnis

Kanbur, Ravi & **Zhang**, Xiaobo (2005): Fifty Years of Regional Inequality in China: a Journey Through Central Planning, Reform, and Openness. In: Review of Development Economics, Jg. 9, Nr. 1, 87–106.

Schmalz, Stefan (2010): Chinas neue Rolle im globalen Kapitalismus. In: PROKLA. Zeitschrift für kritische Sozialwissenschaft, Jg. 40, Heft 161, Nr. 4, 483-503.

Schöttli, Urs (2008): China: Was hat sich seit 1976 ereignet? Analyse der volkswirtschaftlichen, sozialen und politischen Implikationen der von Deng Xiaoping angestoßenen Reformen. Sozialwissenschaftliche Schriftenreihe: Studien. Internationales Institut für Liberale Politik. Wien.

Schöttli, Urs (2007): China – die neue Weltmacht. Verlag Neue Zürcher Zeitung, Zürich.

Sharma, Shalendra D. (2009): China and India in the Age of Globalization. Cambridge University Press, Cambridge.

Sicular, Terry; **Ximing**, Yue; **Gustaffson**, Björn A. & **Shi**, Li (2010): How Large is China's Rural-Urban Income Gap? In: One Country, Two Societies. Rural-Urban Inequality in Contemporary China, Harvard University Press, Cambridge, 85-104.

Taubmann, Wolfgang (2001): Wirtschaftliches Wachstum und räumliche Disparitäten in der VR China. In: Geographische Rundschau. Jg. 53, Nr. 10, 10-17.

OECD (2002): Emerging economies transition. China in the world economy. The domestic policy challenges. Paris.

Zhang, Wei (2004): Can the strategy of Western development narrow down China´s regional disparity. Asian economic papers, Jg. 3, Nr 3, MIT press, Cambridge, 1-31.

Internetquellen

Dollar, David (2007): Poverty, inequality and social disparities during China`s economic reform. In : World Bank Policy Research Working Paper No. 4253. http://www-wds.worldbank.org/servlet/WDSContentServer/WDSP/IB/2007/06/13/000016406_20070613095018/Rendered/PDF/wps4253.pdf (09.11.11)

Gebhardt, Hans (n.b.): China – von den Sonderwirtschaftszonen zur integrierten Entwicklung der Megacities des Landes. Vortrag/Mitschrift. http://www2.geog.uni-heidelberg.de/media/personen/gebhardt/china_sonderwirtschaftszone.pdf (16.11.11)

Kanbur, Ravi; **Zhang**, Xiaobo & **Fan**, Shenggen (2009): China's Regional Disparities: Experience and Policy. Paper prepared for the China Economic Research and Advisory Programme, as input to the Chinese Government's Central Leading Group on Finance and Economics (Zhong Cai Ban) and National Development Reform Commission, for the process of preparing China's 12th Five Year Plan. http://kanbur.dyson.cornell.edu/papers/FanKanburZhangLimPaper.pdf (13.11.11)

United Nations (2010): Population Division of the Department of Economic and Social Affairs of the United Nations Secretariat, World Population Prospects: The 2010 Revision, http://esa.un.org/unpd/wpp/index.htm (12.11.11)

World Bank (2011): World Bank national accounts data, and OECD National Accounts data files. http://data.worldbank.org/ (12.11.11)

Tabbellen und Abbildungen

Abbildung 1: Wachstum des BIP (in Prozent) – China, Welt (1970 - 2010)

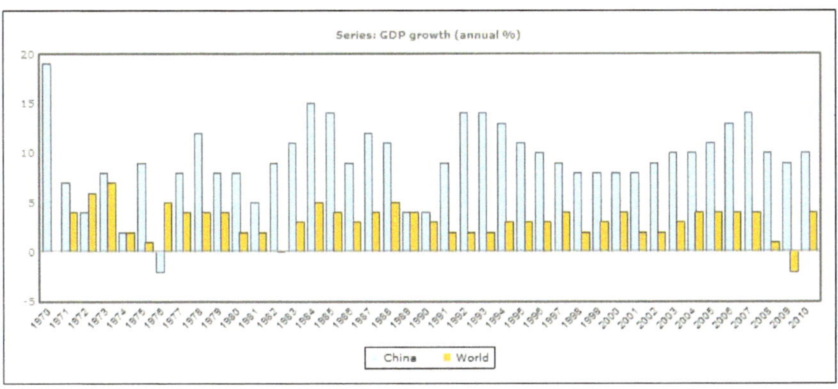

(WORLD BANK 2011)

Abbildung 2: BIP pro Kopf (in US-Dollar) – China, Welt, EU, U.S.A (1978 – 2010)

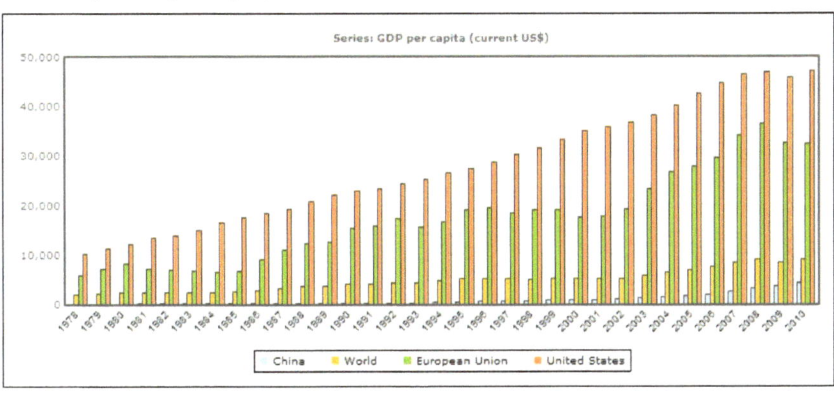

(WORLD BANK 2011)

17

Abbildung 3: Wachstum der industriellen Wertschöpfung (in Prozent) – China/Welt (1978 – 2010)

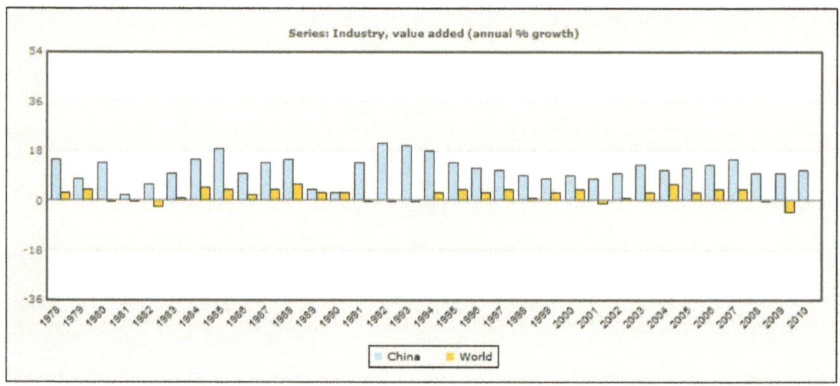

(WORLD BANK 2011)

Abbildung 4: Anteil der industriellen Wertschöpfung am BIP (in Prozent) – China, Welt, EU, U.S.A. (1978 – 2010)

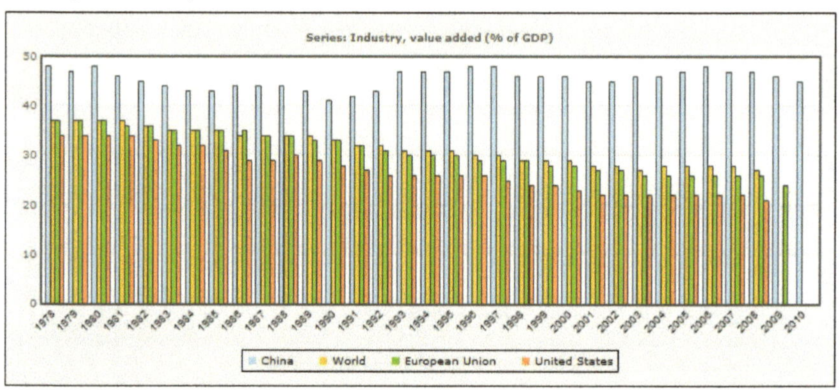

(WORLD BANK 2011)

Abbildung 5: Anteil der ausländischen Direktinvestitionen am BIP (in Prozent) – China (1978 - 2010)

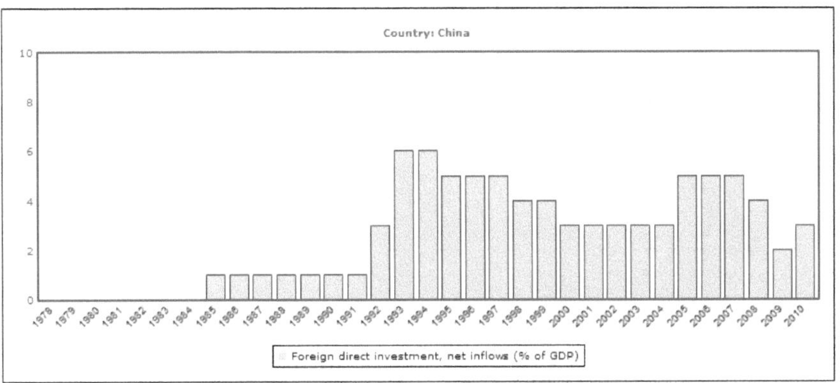

(WORLD BANK 2011)

Abbildung 6: Ausländische Direktinvestitionen (in US-Dollar) – China (1978 – 2010)

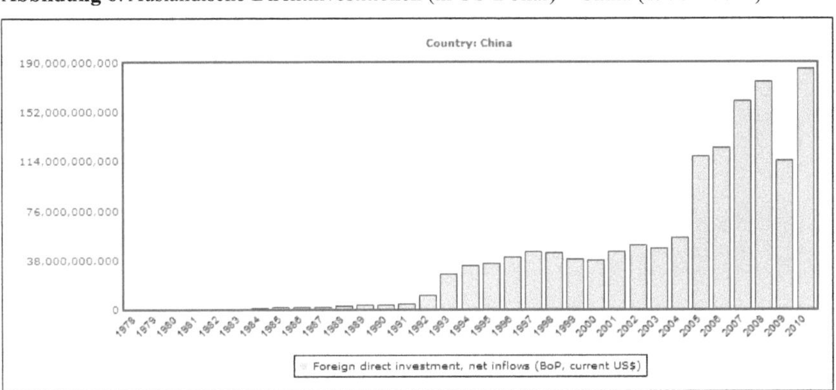

(WORLD BANK 2011)

(TAUBMANN 2001: 11)